精彩广播剧
请扫二维码

万物有话说

给**孩子**的人文科学启蒙书

风女士④的传说

黄 胜◎文

海南出版社

·海口·

马上就要直播了，嘉宾风女士还
没来，问号先生和叹号小姐非常
着急。

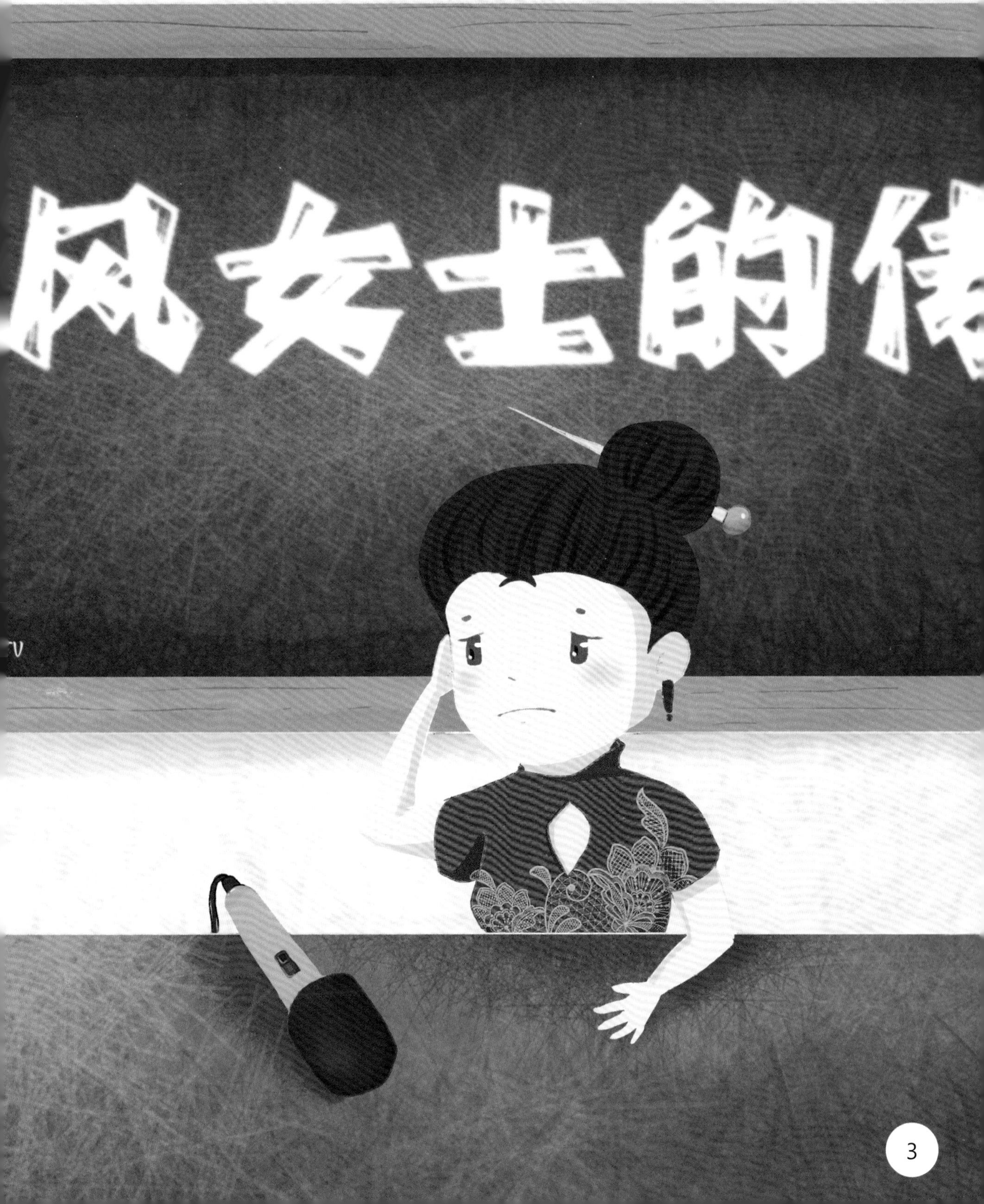
风女士的传

正当他们在商量是否要取消这次《万物有话说》直播时，风女士来了。

风女士一到直播间，连忙向问号先生和叹号小姐道歉，然后她捋了捋飘起的长发，便开始讲述自己的故事。

形成了风

陆地　　　　　　热空气

我是一种因为空气流动而产生的自然现象。

冷空气

陆地气温升高

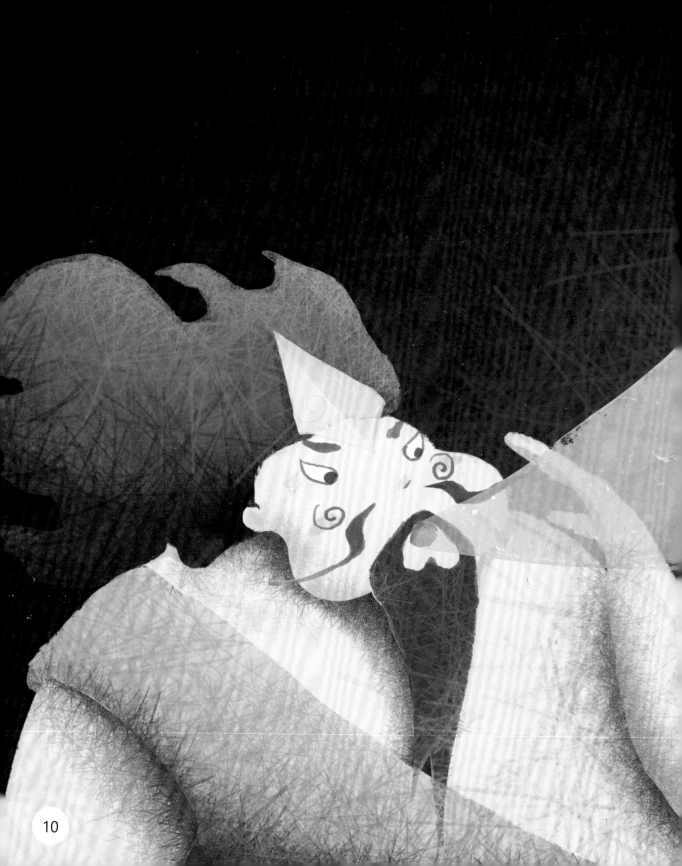

很久很久以前，人们却认为我被一个巨大
神灵操纵着，他一呼吸我就跑出来。

神灵心情好的时候，我**轻柔又温顺**，
追逐花草树木，玩着有趣的**游戏**。

神灵不高兴时，我变得任性、乱发脾气，把地上的东西卷到空中，折断树枝，甚至还推倒房屋。

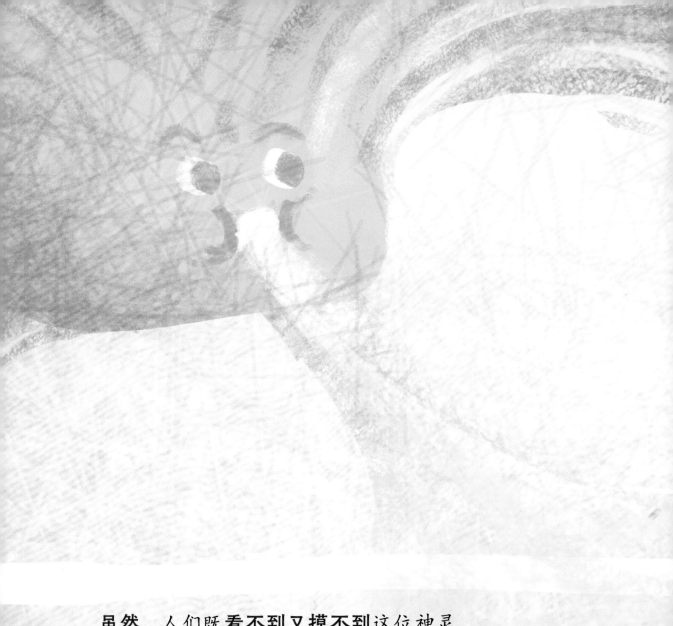

虽然，人们既**看不到**又**摸不到**这位神灵，
也不知道神灵的名字。

但是，并不影响人们**祭拜神灵**，希望这位神灵能**管束我**，不要给他们带来灾难。

再后来，这位神灵有了自己的名字——飞廉，
他就是中国古代神话传说中最原始的风神。

远古的涿鹿之战中，我在飞廉的指挥下吹散了蚩尤请来的雾师降下的大雾，帮助黄帝和炎帝打败了蚩尤。

你们千万不要以为**能管束我**的神灵只有飞廉哦！随着时间慢慢推移，风神飞廉的位置渐渐地被手中拿着个口袋的**风婆**替代。

就住在那个口袋里。⬛⬛⬛一打开口袋，我便从里面
跑出来，在天地间⬛⬛⬛⬛。

当然，人们在与我不断地接触中，对我的了解越来越多，**不再像以前**那样充满了各种各样奇异的**猜想**。

虽然人们还不知道，我是因为**空气流动**而产生的，
但他们似乎也能感觉得到我什么时候会**出现**。

人们发现我能够**吹起**一些较轻的东西；火先生遇到我的时候，会变得更加**活跃**；我还能**推着**一些东西**前进**。

利用风箱让火燃烧得更旺。

利用吹火筒可以让炉灶的柴火燃烧得更旺。

特别是一些**爱动脑筋**的人，他们还发明
制造了一些让我为人们服务的**工具**。

你们可能想不到，早在唐朝的时候，一个叫作李淳风的人，他写了一本《乙巳占》，把我分成了八个等级。

一级风 动叶风

二级风 鸣条风

三级风 摇枝风

四级风 堕叶风

五级风 折小枝风

六级风 折大枝风

七级风 折木风

八级风 拔根风

当然，人们也认识到在一年四季中，我是不一样的。

春季和夏季，我从东南方来；

秋季和冬季，我从北方来。

人们似乎更喜欢**春天**的我。因为我来了，天气会渐渐地**变暖**，冰冻的河水会**融化**。

泊船瓜洲

京口瓜洲一水间，
钟山只隔数重山。
春风又绿江南岸，
明月何时照我还。

［宋］王安石

草变青了，树变绿了，五颜六色的花儿也开了，大地一片**生机盎然**。古时候，诗人特别喜欢歌颂春天的我呢！

咏柳

碧玉妆成一树高，
万条垂下绿丝绦。
不知细叶谁裁出，
二月春风似剪刀。

［唐］贺知章

现在，人们对我的了解就更多了。他们不仅知道我是因为空气流动而产生的一种**自然现象**，还能预测我什么时候来，我来的时候会不会乱发脾气**造成灾害**，并且**做好预防**。

更了不起的是，科学家们制造出一个像风车一样的东西，叫作**风力发电机**，把它们矗立在我经常经过的地方。

我从它们身边经过时，不停地推动叶片，就可以发电了。

风女士越说越兴奋，可是直播结束的时间已经到了。
她只好意犹未尽地跟问号先生、叹号小姐，还有正
在看直播的小朋友们挥手道别啦！

图书在版编目（CIP）数据

万物有话说 . 4, 风女士的传说 / 黄胜文 . —— 海口：
海南出版社，2024.1

　ISBN 978-7-5730-1408-5

　Ⅰ . ①万… Ⅱ . ①黄… Ⅲ . ①自然科学 – 青少年读物

Ⅳ . ① N49

　中国国家版本馆 CIP 数据核字 (2023) 第 220232 号

万物有话说　4. 风女士的传说

WANWU YOU HUA SHUO 4. FENG NÜSHI DE CHUANSHUO

作　　者：黄　胜
出 品 人：王景霞
责任编辑：李　超
策划编辑：高婷婷
责任印制：杨　程
印刷装订：三河市中晟雅豪印务有限公司
读者服务：唐雪飞
出版发行：海南出版社
总社地址：海口市金盘开发区建设三横路 2 号
邮　　编：570216
北京地址：北京市朝阳区黄厂路 3 号院 7 号楼 101 室
电　　话：0898-66812392　　010-87336670
邮　　箱：hnbook@263.net
经　　销：全国新华书店
版　　次：2024 年 1 月第 1 版
印　　次：2024 年 1 月第 1 次印刷
开　　本：889 mm×1 194 mm　1/16
印　　张：16.5
字　　数：206 千字
书　　号：ISBN 978-7-5730-1408-5
定　　价：168.00 元（全六册）